BEI GRIN MACHT SICH IHR WISSEN BEZAHLT

- Wir veröffentlichen Ihre Hausarbeit, Bachelor- und Masterarbeit

- Ihr eigenes eBook und Buch - weltweit in allen wichtigen Shops

- Verdienen Sie an jedem Verkauf

Jetzt bei www.GRIN.com hochladen und kostenlos publizieren

Bibliografische Information der Deutschen Nationalbibliothek:

Die Deutsche Bibliothek verzeichnet diese Publikation in der Deutschen National-
bibliografie; detaillierte bibliografische Daten sind im Internet über http://dnb.d-
nb.de/ abrufbar.

Impressum:

Copyright © 2008 GRIN Verlag, Open Publishing GmbH
Druck und Bindung: Books on Demand GmbH, Norderstedt Germany
ISBN: 9783640575985

Dieses Buch bei GRIN:

http://www.grin.com/de/e-book/146217/einfuehrung-in-die-icp-massenspektrome-
trie-mit-uebungen

Anna Hansen, Silke Glogowski

Einführung in die ICP Massenspektrometrie mit Übungen

GRIN Verlag

Christian-Albrechts-Universität
Institut für Geowissenschaft

Protokoll im Rahmen des Kompaktkurses Anwendungen der ICP Massenspektrometrie

WS 2007/2008

von

Anna-Lena Gritzuhn

Silke Glogowski

28. Februar 2008

Inhaltsverzeichnis

1 Einleitung

Mit der Entwicklung der *Inductively-coupled-Plasma-Massenspektrometrie* (ICP-MS) seit Anfang der 1980er Jahre hat sich die Element- und Isotopenanalyse revolutioniert. Mit ihr wurden neue Fragestellungen in der Geologie, Biologie, Medizin, Hydrologie und vielen weiteren Bereichen der Wissenschaft möglich. Die ICP-MS dient der Multielementbestimmung im Spurenbereich und verbindet die einfache Probeneinführung und schnelle Analyse der ICP mit der niedrigen Nachweisgrenze und der Präzision eines MS. Dieser Bericht soll anhand von Versuchen einen Einblick in die Funktionsweise und die Anwendung der ICP-MS geben.

2 Fragestellungen und Versuche 1. Tag

2.1 Die Probenvorbereitung

Bevor (beispielsweise Gesteins-) Proben analysiert werden können müssen sie in Lösung gebracht werden. Als Medium dient meistens Wasser, aber auch die Analyse von Ethanol oder anderen organischen Lösungsmitteln ist möglich. Die zu analysierenden Proben durchlaufen, entsprechend ihrer Zusammensetzung und der wissenschaftlichen Fragestellung, einen aufwändigen *Säure-Druck-Aufschluss*. Standardmäßig werden die gemahlenen, homogenisierten Probenpulver in Teflon-Tiegeln mit Königswasser und Fluorwasserstoffsäure mindestens 12 Stunden gekocht. Die Proben durchlaufen weitere Durchgänge in denen abwechselnd abgeraucht und wieder Säure hinzugegeben wird, bis schließlich alle Minerale gelöst sind und möglichst keine Schwebstoffe mehr in der Probenlösung enthalten sind. Von einem Standard-Aufschluss kann je nach Probenbeschaffenheit abgewichen werden. Minerale wie Zirkone lassen sich schwer in Lösung überführen und bedürfen unter Umständen einem erhöhten Druck. In solchen Fällen gibt es spezielle *Hoch-Druck-Säure-Aufschlüsse*. Wichtig bei Gesteins-Aufschlüssen ist eine saubere und sorgfältige Arbeitsweise um eine Kontamination der Proben zu verhindern. Um dies zu gewährleisten wird in speziellen partikelarmen Räumen und Clean-Benches gearbeitet.

Die in der Probenlösung enthaltenen Isotope werden nun in der ICP-MS anhand ihres Masse- und Ladungsverhältnisses (m/z) getrennt und identifiziert. Im Folgenden wird Schritt für Schritt die Funktionsweise der ICP-MS erläutert.

2.2 Funktionsprinzip der ICP- Massenspektrometrie

Die ICP-MS besteht aus vier Hauptkomponenten, die in Abbildung 1 dargestellt sind: Ionenquelle, Ionenoptik, Ionenanalysator und Detektor.

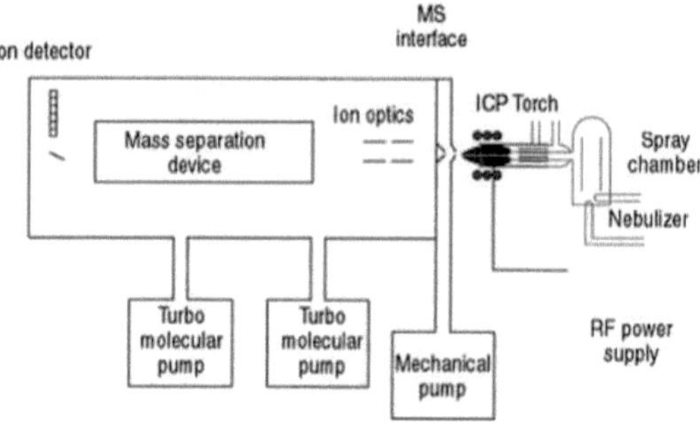

Abbildung 1: Schematischer Aufbau des ICPMS

Im Praktikum wird mit der ICP-MS der Firma Agilent Typ 7500 cs (Octopol Reaction System) gearbeitet. Der schematische Aufbau des Gerätes ist in Abbildung 2 dargestellt.

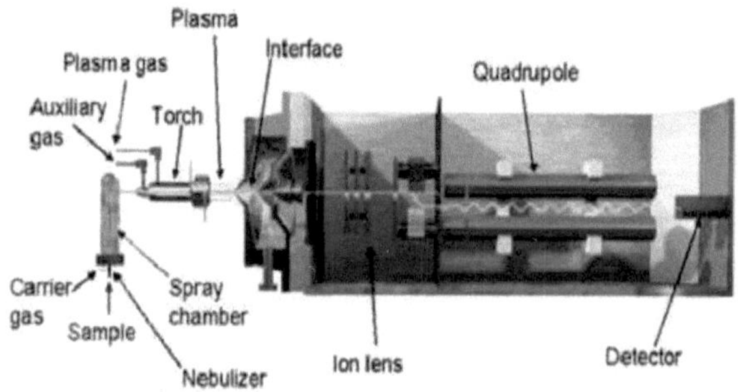

Abbildung 2: Schematischer Aufbau des ICPMS der Firma Agilent Typ 7500c [3]

Die Probenlösung wird durch einen Ansaugschlauch zum Zerstäuber geführt. Dort wird ein Aerosol gebildet, das direkt in ein Hochfrequenz-Plasma gesprüht wird. Durch die hohe Energie des Ar-Plasmas wird das Aerosol getrocknet und die nun atomar vorliegenden Elemente ionisiert. Durch die Ionenoptik werden sie zum Quadrupol-Massenspektrometer geleitet und entsprechend ihrem Masse-Ladungsverhältnis separiert. Im Detektor schließlich werden die Ionen erfasst und die Daten an einen PC weitergeleitet.

2.2.1   Aufbau und Ablauf im Auto-Sampler, Zerstäuber, Sprühkammer und Torch

Die Probenlösungen (bis zu 60 Proben) werden für die Messungen im Auto-Sampler in vier Racks positioniert. Der Sampler wird von der Ansteuerungssoftware automatisch betrieben. Neben den zu analysierenden Proben gibt es im Rack ebenfalls Rinselösungen, in denen das System zwischen den einzelnen Probenentnahmen immer wieder gereinigt wird. Durch eine PTFE-Schlauch (0.1 - 0.15 μm $\emptyset$) gelangt die Probe in den Zerstäuber. Hier wird sie von von Ar mit einer Geschwindigkeit von 0.8 l/min umströmt und zerstäubt. Der hierbei entstehende Unterdruck führt zu einer Ansaugung der Probe. Der Vorteil eines pneumatischen Zerstäubers liegt in der Verminerung von *noise*, welches durch eine Peristaltische Pumpe hervorgerufen würde. Es gibt verschiedene Zerstäuber-Typen, die jeweils Vor und Nachteile in Bezug auf Oxildbildungsrate, Verstopfungsanfälligkeit und Feinheit des Aerosols haben. Hier wird ein ESI-PFA Micronebulizer benutzt, der 50 - 500 μl Probe pro min zerstäubt und eine reduzierte Oxidbildungsrate gegenüber anderen Modellen hat. Wie in Abbildung 3 gelangt das Aerosol in die durch einen Peltier-Kühler gekühlte Sprühkammer. Die Temperatur wird hier konstant auf ewa 2 °C gehalten um eine kontante Aerosolbildung zu gewährleisten und die Oxidbildungsrate gering zu halten.

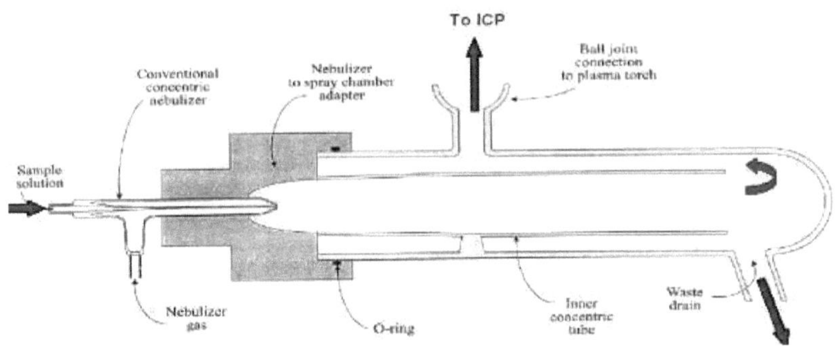

Abbildung 3: Typischer concentrischer, pneumatischer Zerstäuber in einer Sprühkammer für flüssige Probeninjektion [4]

Die Aerosol-Tröpfchen ($\emptyset$ <10 μm) gelangen von der Sprühkammer aus in die Plasmafackel (Torch). Größere Partikel werden verworfen und landen im Abfall. Nur etwa 3% des Aerosols gelangt schließlich ins Plasma. Die Torch besteht aus drei Quarzrohren und ist am oberen Rand von einer Induktionsspule, der *load-coil* umringt, die mit einem Radiofrequenz-Generator (RF), welcher typischerweise mit 27 oder 40 MHz [4] arbeitet, verbunden ist. Die Spule besteht typischerweise aus Kupfer und ist wassergekühlt. Die Torch ist teilweise mit einem Platin-Schild umringt, um Störungen im Plasma zu vermeiden. Die Aerosol-Tröpfchen und das Argon-Trägergas werden in das Plasma geleitet.

2.2.2　Das Plasma

Ein Plasma ist ein ionisiertes Gas, das neben Atomen auch Elektronen und Ionen enthält. Durch das an der Spule anliegende Hochfrequenzfeld wird ein magnetisches Feld generiert. Dieses induziert einen Strom im *Ar*-Gas. Wird nun ein Hochspannung-Tesla-Funke gezündet, werden im *Ar* Elektronen frei, die in dem anliegenden Feld beschleunigen und miteinander, mit Atomen und Molekülen kollidieren. Diese Kollisionen heizen das Plasma auf Temperaturen von >6000 K auf. Solange die magnetische Feldstärke ausreichend hoch ist und der Gasstrom kontant beibt kann das Plasma stabil gehalten werden.

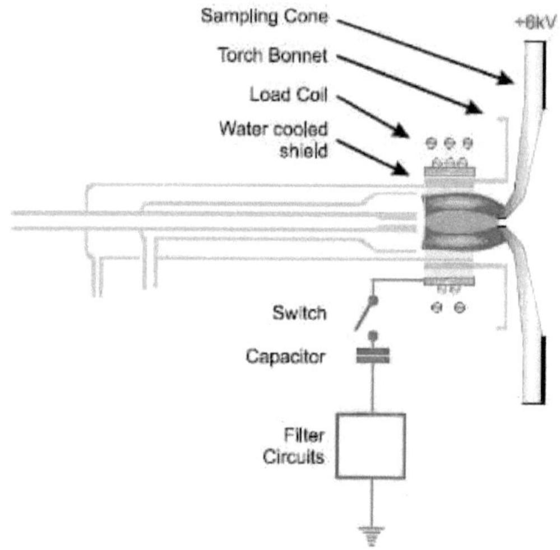

Abbildung 4: Schematische Darstellung einer Plasmafackel

Bedingt durch die entstehenden hohen Temperaturen werden die Elemente der Probenlösung ionisiert. Im ionisierten Zustand gelangt das Probenmaterial, sowie das ionisierte Gas in das Interface.

2.2.3　Aufbau und Ablauf im Interface

Die im Plasma entstandenen Ionen gelangen durch ein Lochblendensystem (Interface) zum Massenspektrometer. Es stellt also den Übergang zwischen Plasma bei atmosphärischem Druck und dem Hochvakuumbereich des Massenspektrometers dar.

Die sogenannte *Sample Cone* ist die erste Lochblende mit einer Bohrungsöffnung von ca. 1 mm Ø. Im Interface herrschen bereits Vakuumbedingungen, die Temperatur verringert sich auf ca. 370 bis 470 K und die Ionen werden stark beschleunigt. Mit Überschallgeschwindigkeit erreichen sie die zweite Lochblende, die *Skimmer Cone*, und

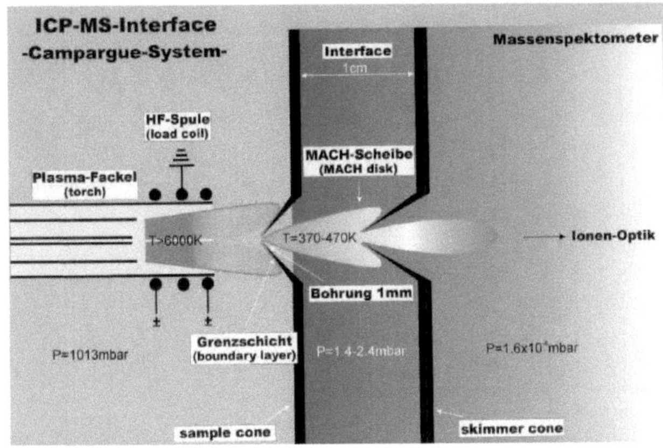

Abbildung 5: Schematischer Aufbau des Interface der ICPMS

erreichen die Ionen-Optik, das Linsensystem, im Hochvakuumbereich.

2.2.4   Aufbau und Ablauf in Linsenoptik und Kollisionszelle

Das Ionen-Linsensystem besteht aus vier elektrostatischen Linsen, mit Hilfe derer der Ionenstrahl fokussiert und in die Kollisionszelle geleitet wird. Eine weitere Aufgabe der Ionenoptik besteht darin den Ionenstrahl von Photonen zu trennen, die ein erhöhtes noise zur Folge hätten. Es besteht die Möglichkeit an alle Linsen unterschiedliche Spannungen anzulegen, um den Ionenstrahl, je nach Masse des zu analysierenden Isotops, zu verändern. Zur üblichen Messung von ca. 45 Elementen muss ein Kompromiss in der Einstellung der Ionenoptik gefunden werden (vgl. Abbildung 7), da die Höhe der angelegten Spannung über Ionen-Counts-Verluste und Fraktionierungseffekte entscheidet.

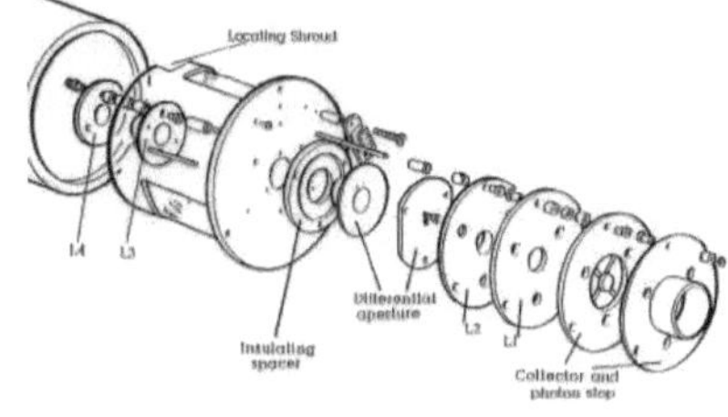

Abbildung 6: Schematischer Aufbau der Ionenoptik der ICPMS

Die Oktopol-Reaktions- oder Kollisionszelle wird mit Gas umspült (He, H_2) und besteht, wie in Abbildung 8 zu erkennen ist, aus acht Edelstahl-Stäben, an denen ein HF-Feld

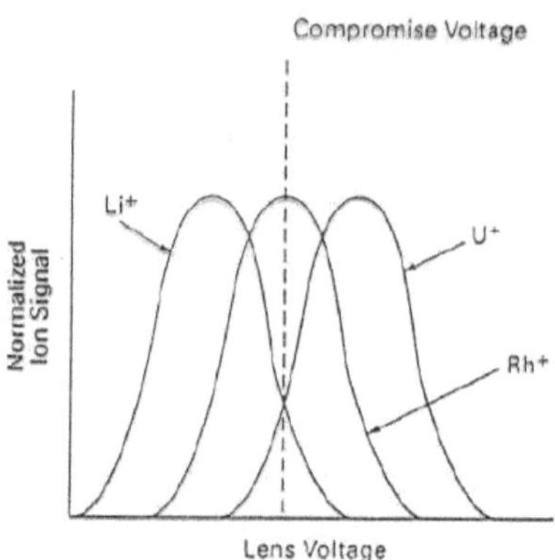

Abbildung 7: Kompromiss-Spannungs-Einstellung der Ionenoptik

zur Fokussierung des Ionenstrahls anliegt. Im Oktopol werden gleich drei Aufgaben erfüllt.

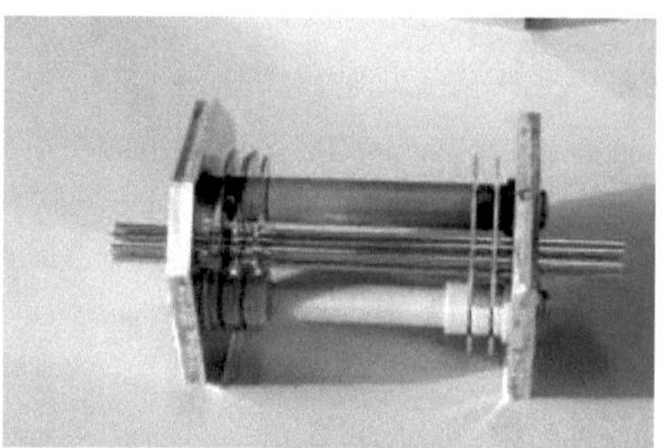

Abbildung 8: Octopole Reaktions- oder Kollisionszelle

Collision-Included-Dissociation, CID Im Plasma können sich Molekulare Ionen bilden, die wenn sie detektiert werden eine Masse und damit ein Element vortäuschen, welches unter Umständen garnicht in der Probe ist (*polyatomare Interferenzen*). Kollidieren diese molekularen Ionen mit einem Gas-Atom können die Moleküle wieder dissoziieren. Dies ist der Fall wenn die Kinetische Energie der Kollision größer ist als die benötigte Dissoziationsenergie. Typische Molekülionen für die diese Voraussetzung zutreffen sind: $Ar - O^+(Fe), Ar - C^+(Cr), Na - Ar^+(Cu), Mg - Ar^+(Zn), Ca - Ar^+(Se)$. In Klammern sind die isobaren Analyten aufgeführt.

Gasphasen-Molekülionen Reaktion Neben der Kollision kann es auch zur Reaktion mit der Gasphase kommen. Als Beispiel ist hier die folgende Reaktion aufgeführt:

$$^{38}ArH + H_2 = H_3 + Ar \tag{1}$$

$$^{39}K + H_2 = {}^{39}K + H_2 \tag{2}$$

^{38}ArH hat die Masse 39 und interferiert mit ^{39}K. Durch die Reaktion mit Wasserstoff in der Kollisionszelle geht die polyatomare Interferenz gegen Null und ^{39}K kann mit einem niedrigeren Detektionslimit gemessen werden. Neben gewünschten Reaktionen kann es zu sekundären Reaktionen kommen, die wiederum Interferenzen auslösen. Um solche Effekte zu minimieren wird der folgende Effekt der Kollisionszelle ausgenutzt.

Verlust von kinetischer Energie Bei der Reaktion oder Kollision mit Gasatomen werden die Ionen abgebremst. Werden nun hinter die Kollisionszelle Linsen mit erhöhter Spannung als die Zellspannung geschaltet, erhält man ein leicht positives Energiegefälle, das überwunden werden muss. Dieses *Energie-Diskriminierende-System*(ED) lässt nur Ionen mit einer hohen kinetischen Energie durch. Wie in Abbildung 9 deutlich gemacht wird passieren bestenfalls nur die Analyten das ED.

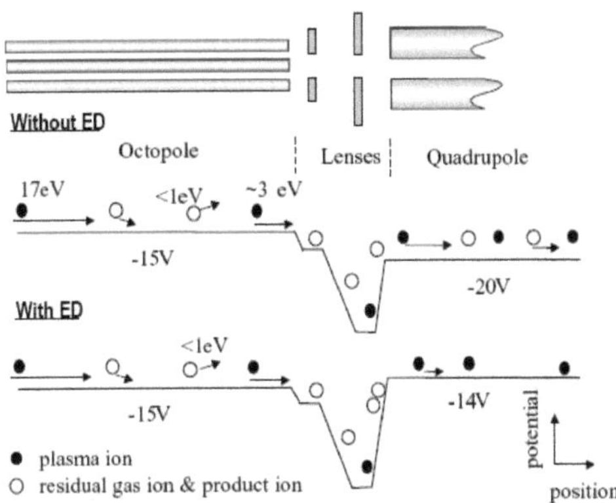

Abbildung 9: Schematischer Ablauf mit Energie-Diskriminierenden-System und ohne.

2.2.5 Aufbau und Ablauf im Quadrupol

Der Quadrupol ist ein Massenfilter der die Elemente auf Grund ihres Masse-Ladungsverhältnisses (m/z) trennt. Wie in Abbildung 10 zu erkennen, besteht er aus vier parallelen Metallstäben, an die ein Hochfrequenz-Feld angelegt wird. Durch Umpolungen der Metallstäbe wird den Ionen eine stabile Flugbahn in Richtung des nachfolgenden Detektors verliehen.

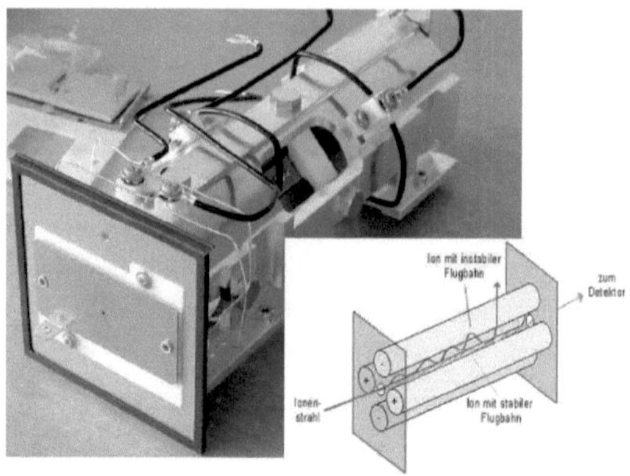

Abbildung 10: Quadrupol Agilent 7500 cs und schematische Darstellung

Es kann dabei nur eine Ionenspezies gleichzeitig gemessen werden. Die Bedingungen für die zu messenden Ionen werden binnen Millisekunden verändert und so jede Atomsorte nacheinander zum Detektor geleitet.

2.2.6 Aufbau und Ablauf im Detektor

Der Detektor besteht aus leitfähigen, sog. Dynodenschichten. Durch das Auftreffen der Ionen auf die erste Schicht, vgl. Abbildung 11, vervielfältigt und verstärkt sich das Ionensignal. Es werden elektrischen Impulse (pulse counting) und/oder elektrischer Strom (analog) erzeugt. Die Intensitäten werden in Counts per Second (kurz: cps) angegeben.

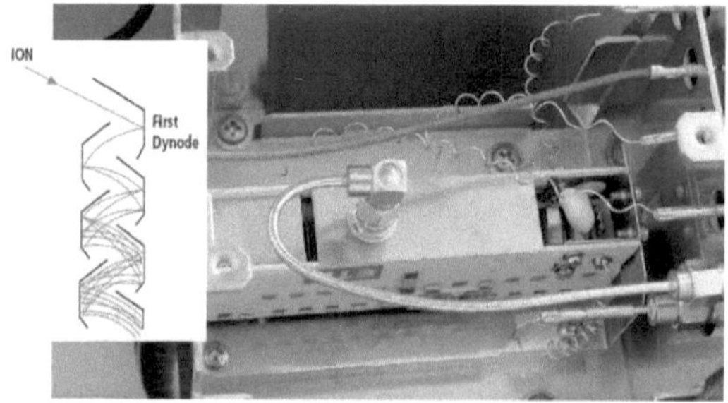

Abbildung 11: Detektor der Agilent 7500 cs mit schematischer Darstellung

2.3 "Verbotene" Massenbereiche

Es besteht die Möglichkeit am Detektor der ICP-MS die Massenbereiche von Elementen auszublenden, d. h. die Ionen dieser Massen treffen nicht auf den Detektor. Dieses dient zum Schutz des Gerätes. Ausgeblendet werden üblicherweise die Massenbereiche von Ar, O, N und C auf Grund ihrer hohen Konzentrationen, die aus unterschiedlichen Gründen resultieren: Das ICP-MS arbeitet mit Argon als Träger- und Plasma-Gas. Sauerstoff und Stickstoff geraten aus der Luft in das Gerät. Desweiteren wird zur Aufbereitung der Proben Salpetersäure verwendet, die zu einer erhöhten Stickstoffkonzentration führt.

2.4 Versuche

Wie unter Punkt 2.2.4 bereits erläutert können sich im Plasma Molekulare Ionen bilden, die Interferenzen auslösen und Massen im Spektrum vortäuschen. Ziel dieser Versuche ist sowohl isobare (durch gleichschwere Isotope ausgelöste), als auch polyatomare Interferenzen sichtbar zu machen. Hierzu läuft die ICP-MS ohne Kollisionszelle.

2.4.1 Das Background-Spektrum

In diesem Versuch wird deionisiertes Wasser ($> 18\,MOhm/cm$), das mit 2 ml konz. oberflächen-destillierter Salpetersäure angesäuert wurde, über den ganzen Messbereich ($7 - 238\,m/z$) der ICP-MS gescant. Alle Messpeaks $> 1000\,cps$ werden aufgenommen und sind in Tabelle 1 aufgeführt. Als internen Standard (*Systemblank*) enthält das Reinstwasser 2.5 ng/ml (ppb) $^9Be, ^{115}In$ und ^{187}Re. Neben diesem Standard treten Messpeaks durch verschiedene *Ionenspezies* auf. Hauptionen hierbei sind Ar, H, C, N, O, Xe, Ne und deren Kombinationen. Die Häufigkeit des Auftetens von Interferenzen durch solche Ionenspezies ist Ziel dieses Versuches.

Tabelle 1: Massenscan von 7 - 238 m/z für eine Lösung
$2\%\,HNO_3 + 2.5\,ppb\,Be, In, Re$ als interner Standard

m/z	[cps]	Ionenspezies (Interferent)	Analyt
9	0.5E04		Be
12	5E05	^{12}C	"verbotene" Masse (vM)
13	0.5E04	^{13}C	vM
14			vM
15	1E05	^{14}N-^{1}H, ^{15}N	
16			vM
17			vM
18			vM
20			vM
21	0.5E05	^{21}Ne	
23	2E04	^{9}Be-^{14}N	Na

m/z	[cps]	Ionenspezies (Interferent)	Analyt
24	2E03	^{12}C-^{12}C	Mg
28	1E05	^{14}N-^{14}N, ^{12}C-^{16}O	Si
29	2E04	^{13}C-^{16}O, ^{12}C-^{17}O, ^{14}N-^{14}N-^{1}H	Si
30	5E05	^{14}N-^{16}O, ^{12}C-^{18}O, ^{14}N-^{14}N-^{2}H, ^{14}N-^{15}N-^{1}H	Si
31	5E03	^{15}N-^{16}O, ^{14}N-^{17}O, ^{14}N-^{16}O-^{1}H	P
33	5E05	^{16}O-^{17}O, ^{16}O-^{16}O-^{1}H	S
34	5E04	^{16}O-^{18}O, ^{16}O-^{17}O-^{1}H, ^{16}O-^{16}O-^{2}H	S
35	5E03	^{16}O-^{17}O-^{2}H, ^{16}O-^{18}O-^{2}H	
37	2E06	^{36}Ar-^{1}H	
39	5E05	^{38}Ar-^{1}H	K
40			Ca, vM
42	9E04	^{40}Ar-^{2}H, ^{40}Ar-^{1}H-^{1}H	Ca
44	1E04	^{40}Ar-^{2}H-^{2}H, ^{12}C-^{16}O-^{16}O	Ca
46	1E03	^{14}N-^{16}O-^{16}O, ^{12}C-^{16}O-^{16}O-^{2}H	Ti, Ca
52	0.8E04	^{40}Ar-^{12}C	Cr
54	0.5E04	^{40}Ar-^{14}N	Fe, Cr
55	1E03	^{38}Ar-^{17}O, ^{40}Ar-^{14}N-^{1}H, ^{40}Ar-^{15}N	Mn
56	2E06	^{40}Ar-^{16}O	Fe
57	0.9E04	^{40}Ar-^{17}O, ^{40}Ar-^{16}O-^{1}H	Fe
58	0.5E04	^{40}Ar-^{18}O, ^{40}Ar-^{17}O-^{1}H	Ni, Fe
63	1E03		Cu
76	4E04	^{38}Ar-^{38}Ar	Se, Ge
80	4E06	^{40}Ar-^{40}Ar	Se
113	1E03	^{113}In	Cd
115	0.5E05	^{115}In	Zn
131			vM
185	1E04		Re
187	1E04	^{187}Re	Os

Auffällig ist, dass im niedrigen Massenbereich (7-80 m/z) häufig Interferenzen auftreten. Hauptinterferenten hiebei sind ^{1}H, ^{12}C, ^{14}N, ^{16}O und ^{40}Ar, bzw. deren Molekülionen. Im höheren Massenbereich (80-240 m/z) treten hingegen kaum Interferenzen auf.

2.4.2 Standard-Referenzmaterial NIST 1643d

In diesem Versuch wird das Standard-Referenzmaterial (SRM) "Wasser"(NIST 1643d) 1/25 verdünnt und mit der ICP-MS über den gesamten Massenbereich gescant. Die Ergebnisse dieses Scans sind in Tabelle 2 aufgeführt. Wie allen Proben wird auch dieser der Systemblank 2.5 *ppb Be, In, Re* zugefügt. Folgende Zusammensetzung des SRM 1643d wurde vom *National Institute of Standards and Technology (NIST, USA)* publiziert.

Tabelle 2: Massenkonzentrationen des Standard Referenzmaterials 1643d des NIST[2]

Element	[mg/l]
Calcium	31.04 ± 0.50
Magnesium	7.989 ± 0.035
Kalium	2.356 ± 0.035
Natrium	22.07 ± 0.64

Element	[µg/l]	Element	[µg/l]
Aluminium	127.6 ± 3.5	Blei	18.15 ± 0.64
Antimon	54.1 ± 1.1	Lithium	16.50 ± 0.55
Arsen	56.02 ± 0.73	Mangan	37.66 ± 0.83
Barium	506.5 ± 8.9	Molybden	112.9 ± 1.7
Beryllium	12.53 ± 0.28	Nickel	58.1 ± 2.7
Bor	144.8 ± 5.2	Selen	11.43 ± 0.17
Cadmium	6.47 ± 0.37	Silber	1.270 ± 0.057
Chrom	18.53 ± 0.20	Strontium	249.8 ± 3.4
Cobalt	25.00 ± 0.59	Thallium	7.28 ± 3.4
Kupfer	20.5 ± 3.8	Vanadium	35.1 ± 1.4
Eisen	91.2 ± 3.9	Zink	72.48 ± 0.65

Anhand der Zusammensetzung des 1643d sind mögliche Interferenten in Tabelle 2 angegeben. Weitere mögliche Interferenzen können in der *ICP-MS Interferenz-Tabelle [1]* nachgelesen werden.

Tabelle 3: Massenscan von 7 - 238 m/z für NIST 1643d $+2.5\,ppb\,Be, In, Re$

m/z	[cps]	Ionenspezies (Interferent)	Analyt
7	0.5E04		Li
9	0.5E04		Be
10	1E03		B
11	1E04		B
12	5E05	^{12}C	
13	0.5E04	^{13}C	
15	1E05	$^{14}N\text{-}^1H$, ^{15}N	
21	0.5E04	^{21}Ne	
23	1E07	$^9Be\text{-}^{14}N$	Na
24	1E06	$^{12}C\text{-}^{12}C$	Mg
25	1E05	$^9Be\text{-}^{16}O$, $^{12}C\text{-}^{13}C$, $^7Li\text{-}^{18}O$	Mg
26	1E05	$^{14}N\text{-}^{12}C$, $^{10}B\text{-}^{16}O$, $^9Be\text{-}^{17}O$	Mg
27	0.5E04	$^{26}Mg\text{-}^1H$, $^{13}\text{-}^{14}N$, $^{11}B\text{-}^{16}O$, $^9Be\text{-}^{18}O$	Al
28	1E06	$^{14}N\text{-}^{14}N$, $^{12}C\text{-}^{16}O$	Si
29	1E05	$^{13}C\text{-}^{16}O$, $^{12}C\text{-}^{17}O$, $^{14}N\text{-}^{14}N\text{-}^1H$	Si
30	1E06	$^{14}N\text{-}^{16}O$, $^{12}C\text{-}^{18}O$, $^{14}N\text{-}^{14}N\text{-}^2H$, $^{14}N\text{-}^{15}N\text{-}^1H$	Si
31	5E03	$^{15}N\text{-}^{16}O$, $^{14}N\text{-}^{17}O$, $^{14}N\text{-}^{16}O\text{-}^1H$	P
33	1E06	$^{16}O\text{-}^{17}O$, $^{16}O\text{-}^{16}O\text{-}^1H$	S
34	1E05	$^{16}O\text{-}^{18}O$, $^{16}O\text{-}^{17}O\text{-}^1H$, $^{16}O\text{-}^{16}O\text{-}^2H$	S
35	5E03	$^{16}O\text{-}^{17}O\text{-}^2H$, $^{16}O\text{-}^{18}O\text{-}^2H$	
37	2E06	$^{36}Ar\text{-}^1H$	
39	1E06	$^{38}Ar\text{-}^1H$	K
42	1E05	$^{40}Ar\text{-}^2H$, $^{40}Ar\text{-}^1H\text{-}^1H$	Ca
43	5E04	$^{27}Al\text{-}^{16}O$, $^{26}Mg\text{-}^{17}O$, $^{26}Mg\text{-}^{16}O\text{-}^1H$	Ca
44	1E06	$^{40}Ar\text{-}^2H\text{-}^2H$, $^{12}C\text{-}^{16}O\text{-}^{16}O$, $^{27}Al\text{-}^{17}O$, $^{27}Al\text{-}^{16}O\text{-}^1H$	Ca
46	1E03	$^{14}N\text{-}^{16}O\text{-}^{16}O$, $^{12}C\text{-}^{16}O\text{-}^{16}O\text{-}^2H$	Ti, Ca
48	5E04	$^{36}Ar\text{-}^{12}C$, $^{38}Ar\text{-}^{10}B$, $^{14}\text{-}^{18}O\text{-}^{16}O$	Ti, Ca
51	1E04	$^{35}Cl\text{-}^{16}O$, $^{37}Cl\text{-}^{14}N$, $^{40}Ar\text{-}^{11}B$	V
52	1E04	$^{40}Ar\text{-}^{12}C$, $^{37}Cl\text{-}^{15}N$, $^{36}Ar\text{-}^{16}O$	Cr
54	5E04	$^{40}Ar\text{-}^{14}N$, $^{37}Cl\text{-}^{16}O\text{-}^1H$	Fe, Cr

m/z	[cps]	Ionenspezies (Interferent)	Analyt
55	5E04	^{38}Ar-^{17}O, ^{40}Ar-^{14}N-^{1}H, ^{40}Ar-^{15}N, ^{39}K-^{16}O	Mn
56	2E06	^{40}Ar-^{16}O, ^{40}Ca-^{16}O	Fe
57	1E04	^{40}Ar-^{17}O, ^{40}Ar-^{16}O-^{1}H	Fe
58	1E04	^{40}Ar-^{18}O, ^{40}Ar-^{17}O-^{1}H, ^{23}Na-^{35}Cl	Ni, Fe
59	1E04	^{40}Ar-^{19}F, ^{36}Ar-^{23}Na	Co
60	1E04	^{36}Ar-^{24}Mg, ^{23}Na-^{37}Cl	Ni
63	1E04	^{40}Ar-^{23}Na	Cu
64	1E04	^{40}Ar-^{24}Mg	Zn, Ni
65	1E04	^{40}Ar-^{25}Mg	Cu
66	1E04	^{40}Ar-^{26}Mg, Ba^{2+}	Zn
68	1E04	Ba^{2+}, ^{40}Ar-^{14}N-^{14}N	Zn
69	1E04	Ba^{2+}	Ga
75	0.5E04	^{40}Ar-^{35}Cl, ^{36}Ar-^{39}K	As
76	4E04	^{38}Ar-^{38}Ar	Se, Ge
78	1E04	^{38}Ar-^{40}Ar, ^{41}K-^{37}Cl	Se
80	4E06	^{40}Ar-^{40}Ar, ^{40}Ar-^{40}Ca	Se
81	1E04	^{40}Ar-^{41}K	Br
84	1E03	^{40}Ar-^{44}Ca	Kr, Sr
85	1E04	^{67}Zn-^{18}O	Rb
86	1E04	^{36}Ar-^{50}Cr, ^{68}Cr-^{18}O	Kr, Sr
87	1E04	^{36}Ar-^{51}V	Rb, Sr
88	1E05	^{50}Cr-^{38}Ar	Sr
92	1E04	^{76}Se-^{16}O	Zr, Mo
94	1E04	^{78}Se-^{16}O, ^{54}Fe-^{40}Ar	Zr, Mo
95	1E04	^{40}Ar-^{55}Mn	Mo
96	1E04	^{80}Se-^{16}O, ^{40}Ar-^{56}Fe	Mo, Ru, Zr
97	1E04	^{40}Ar-^{57}Fe	Mo
98	1E04	^{40}Ar-^{58}Ni	Mo, Ru
113	1E03	^{113}In, ^{97}Mo-^{16}O	Cd
115	0.5E05	^{115}In, ^{40}Ar-^{75}As	Zn
121	1E04		Sb
123	1E04		Sb, Te
129	1E03	^{113}Cd-^{16}O	Xe
131	1E03	^{115}In-^{16}O	Xe
132	1E03		Xe, Ba

m/z	[cps]	Ionenspezies (Interferent)	Analyt
133	5E03		Cs
134	1E04	^{133}Cs-^{1}H	Xe, Ba
135	1E04		Ba
136	5E04		Xe, Ba, Ce
137	5E04	^{121}Sb-^{16}O	Ba
138	1E05		Ba, La, Ce
185	1E04		Re
187	1E04	^{187}Re	Os
205	1E03		Tl
206	1E03		Pb
207	1E03		Pb
208	5E03		Pb
209	5E03		Bi

3 Fragestellung und Versuche 2. Tag

3.1 Optimierung der Betriebsparameter

Um die Betriebsparameter zu optimieren wird eine *Tuning-Lösung*, die jeweils $5\,ppb\,Be, Co, In, La, Re$ und $50\,ppb\,Ba$ enthält, in das ICP-MS eingeführt. *Ba* und *La* dienen zur Kontrolle der Oxidbildungsrate, die optimal unter1% liegen soll und der Doppelionenbildungsrate, die unter $4 - 5\,\%$ liegen sollte. Die weiteren Elemente dienen der Kontrolle der Zählrate. Eine Optimierung soll hier gewährleisten, dass die Messung schwerer und leichter Massen gleich zuverlässig ist und sich nicht in die eine oder andere Richtung verschiebt. Die zu verändernden Parameter sind

Sampling Depth

X-Y Position

Carrier und Make-up Gas

Spannung der Ionenoptik

3.1.1 Tuning-Report

3.2 Methodenentwicklung

Die Aufschlusslösung des Standard-Referenzmaterials BIR-1 (isländischer Basalt) wird 1/20 verdünnt und mit $2.5\,ppb\,Be, In, Re$ als interner Standard versetzt. Die Probe wird mit der ICP-MS über den gesamten Massenbereich gescant. Für die zu analysierenden Elemente (Li, V, Cr, Co, Cu, Zn, Ga, Rb, Y, Zr, Ba, La, Ce, Pr, Nd, Hf, Pb, Th, U) sind geeignete Isotope ausgewählt und in Tabelle 4 aufgeführt.

Tabelle 4: Massenscan von 7 - 238 m/z für BIR-1 $+2.5\,ppb\,Be, In, Re$

m/z	[cps]	Ionenspezies (Interferent)	Analyt
7	0.5E05		Li
51	5E06	$^{36}Ar\text{-}^{14}N\text{-}^{1}H$	V
52	5E06	$^{40}Ar\text{-}^{12}C$, $^{36}Ar\text{-}^{16}O$	Cr
59	8E05	$^{40}Ar\text{-}^{18}O\text{-}^{1}H$, $^{36}Ar\text{-}^{23}Na$	Co
63	1E06	$^{36}Ar\text{-}^{27}Al$, $^{40}Ar\text{-}^{23}Na$	Cu
66	1E05	$^{40}Ar\text{-}^{26}Mg$, $^{132}Ba^{2+}$	Zn
71	1E05	$^{55}Mn\text{-}^{16}O$	Ga
85	1E04	$^{67}Zn\text{-}^{18}O$	Rb
88	1E06	$^{50}Cr\text{-}^{38}Ar$	Sr
89	1E06	$^{40}Ar\text{-}^{49}Ti$, $^{38}Ar\text{-}^{51}V$	Y
90	5E05	$^{36}Ar\text{-}^{54}Fe$, $^{40}Ar\text{-}^{50}Cr$	Zr
137	1E04	$^{121}Sb\text{-}^{16}O$	Ba
139	5E04	$^{123}Sb\text{-}^{16}O$, $^{138}Ba\text{-}^{1}H$	La
140	1E05	$^{124}Sn\text{-}^{16}O$, $^{138}Ba\text{-}^{2}H$	Ce
141	1E04	$^{123}Sb\text{-}^{18}O$	Pr
146	1E04	$^{132}Ba\text{-}^{16}O$	Nd
178	1E04	$^{40}Ar\text{-}^{138}Ba$	Hf
208	5E03		Pb
232	1E03		Th
238	0.6E03		U

3.2.1 Richtigkeit und Präzision

Drei Mitglieder unserer Gruppe stellen 1/20 Verdünnungen des BIR-1 Referenzmaterials her. Um grobe Messfehler zu verhindern wird dabei unter Anleitung gearbeitet. Ziel des Versuchs ist ein Gefühl für die Reproduzierbarkeit eigener Daten zu bekommen. Generell unterschieden wird hierbei zwischen:

Richtigkeit (Accuracy) Beschreibt die Übereinstimmung der eigenen Messwerte mit als Richtig anerkannten Referenzwerten. Dafür werden Referenmaterialien in verschiedenen Labors mit unterschiedlichen Messmethoden ermittelt und miteinander verglichen. In Abbildung 12 ist ein solcher Vergleich dargestellt. Liegen die Messwerte der zwei Methoden nahezu auf eine Gerade ist die Wahrscheinlichkeit sehr hoch akkurate Daten produziert zu haben.

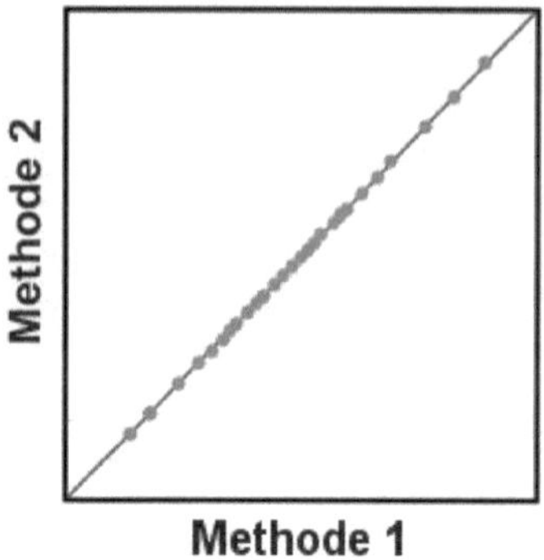

Abbildung 12: Schematisches Diagramm akkurater Messdaten (so identische Daten sind in der Ralität sehr selten)

Um eine Aussage über die Richtigkeit der eigenen Daten treffen zu können werden bei allen Messungen internationale Referenzmaterialien analysiert.

Präzision (Precision) Beschreibt die Reproduzierbarkeit von Messwerten. Ist die Präzision einer Messmethode gut, ist es möglich bei gleichen Bedingungen stets gleiche Werte zu ermitteln. Wie weit die Messwerte an der Wirklichkeit liegen ist unbekannt. So können Werte auch sehr präzise falsch sein. Um eine Aussage treffen zu können, wie präzise die eigenen Daten sind werden Wiederholungsmessungen (Dublikate) und Blindwerte (Blanks) gemessen. Letztere um Kontaminationen auszuschließen. Als Kriterium der Präzision der Daten dient die relative Standardabweichung RSD, die den Quotient aus Standardabweichung und Mittelwert darstellt und in % angegeben wird. Die Wiederholungsmessungen unserer Gruppe sind in Abbildung 13 am Beispiel des BIR-1 zu sehen. Es ist deutlich zu erkennen, dass die Werte des geübten Laborpersonals (hier: Ulrike W███████) eine hohe Präsision zeigen, denn alle Messwerte fallen auf die selbe Kurve. Bei Nabil und Rik jedoch bedarf es noch einiger Übung beim Pipettieren um präzise Messwerte zu erhalten.

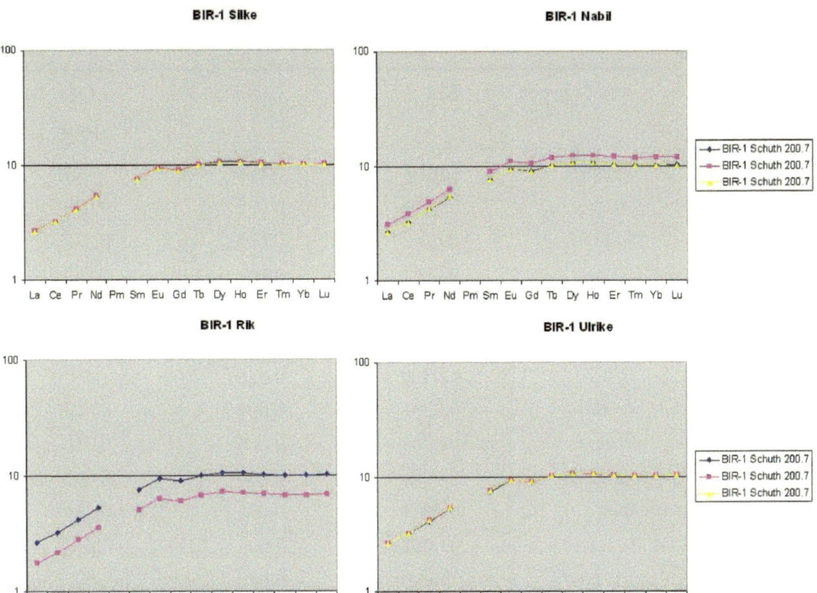

Abbildung 13: Messergebnisse des BIR-1. Vergleich verschiedener 1/20 Verdünnungen, hergestellt durch drei Gruppenmitglieder und Laborleitung Ulrike Westernströer

3.2.2 Analysenprozedur

Wie unter Punkt 3.2.1 erläutert reicht es nicht einfach die Proben zu messen. Es bedarf Standardreferenzmaterialien, Dublikaten und Blanks um eine Aussage über die Qualität der Messwerte treffen zu können. Aus diesem Grund soll in diesem Versuch eine komplette Analysenprozedur durchlaufen werden. Dafür werden ein Blank mit 20 Messwiederholungen, das Gesteins-Referenzmaterial BHVO-1 (Hawaii-Basalt) und die angesetzten Verdünnungen des BIR-1. Wie unter Punkt 3.2 beschrieben werden die Elemente (Li, V, Cr, Co, Cu, Zn, Ga, Rb, Y, Zr, Ba, La, Ce, Pr, Nd, Hf, Pb, Th, U) gemessen und die Messdaten werden im Folgenden auf ihre Qualität geprüft.

Nachweisgrenzen der Elemente Aus den Standardabweichungern (SD) der 20 Messwiederholungen des Blanks können die Nachweisgrenzen (*Limit of Detection, LOD*) für jedes Element errechnet werden.

$$LOD\, 10\,\sigma = 10 \cdot SD \tag{3}$$

Tabelle 5: Nachweisgrenzen der Elemente

Element	Mittelwert	SD	LOD 10σ	LOD 10σ Gestein
	[ppb]	[ppb]	[ppb]	[ppm]
Li / 7	-0.018	0.0005	0.005	0.018
V / 51	0.011	0.0062	0.062	0.248
Cr / 52	0.038	0.0061	0.061	0.243
Co / 59	-0.002	0.0008	0.008	0.030
Cu / 63	0.063	0.0310	0.310	1.240
Zn / 66	0.207	0.0420	0.420	1.680
Ga / 71	0.000	0.0001	0.001	0.002
Rb / 85	-0.003	0.0005	0.005	0.019
Y / 89	-0.003	0.0000	0.000	0.002
Zr / 90	0.002	0.0004	0.004	0.016
Ba / 137	0.013	0.0024	0.024	0.096
La / 139	-0.001	0.0000	0.000	0.002
Ce / 140	-0.001	0.0000	0.000	0.002
Pr / 141	0.000	0.0000	0.000	0.001
Nd / 146	0.001	0.0001	0.001	0.003
Hf / 178	0.000	0.0001	0.001	0.002
Pb / 208	0.019	0.0079	0.079	0.315
Th / 232	0.000	0.0001	0.001	0.004
U / 238	0.000	0.0002	0.002	0.007

Richtigkeit der Messwerte Um die Abweichung der Daten von den Sollwerten zu bestimmen werden sie mit den Gesteinsstandards verglichen. Eine Abweichung der Messdaten um 1 - 5 % ist je nach Element tolerierbar. In Tabelle 6 sind die Messergebnisse der Standardreferenzmaterialien BIR-1 und BHVO-1 den Literaturwerten gegenübergestellt. Abweichungen größer 5% sind markiert. Dies ist beim BIR-1 bei Li, Cu, Rb und Hf und beim BHVO-1 bei Rb, Y, Zr und Th der Fall.

Tabelle 6: Messergebnisse und Literaturwerte der Standardreferenzmaterialien BIR-1 und BHVO-1. Differenzen vom Mittelwert der Messergebnisse sind in Prozent angegeben

Element	BHVO-1	BHVO-1 Haase 194.0	BHVO-1 Haase 194.0	BHVO-1 Haase 194.0	Differenz	BIR-1	BIR-1 Schuth 200.7	BIR-1 Schuth 200.7	Differenz
	Literatur	[ppm]	[ppm]	[ppm]	[%]	Literatur	[ppm]	[ppm]	[%]
Li / 7	4.6	4.520	4.509	4.536	1.707	3.400	3.113	3.139	**8.062**
V / 51	317	321.264	324.174	321.846	-1.712	313.000	320.117	324.933	-3.043
Cr / 52	289	283.240	286.538	281.300	1.836	382.000	378.922	384.943	0.018
Co / 59	45	44.698	45.124	44.562	0.456	51.400	52.583	52.784	-2.498
Cu / 63	136	138.691	138.594	139.602	-2.178	126.000	117.811	117.369	**6.675**
Zn / 66	105	107.437	107.127	107.515	-2.247	71.000	70.466	71.148	0.272
Ga / 71	21	21.825	21.864	21.728	-3.836	16.000	15.807	15.944	0.779
Rb / 85	9.05	9.523	9.564	9.529	**-5.403**	0.212	0.199	0.200	**5.927**
Y / 89	27.6	25.395	25.569	25.511	**7.639**	16.000	15.689	15.990	1.005
Zr / 90	179	164.570	166.200	168.916	**6.949**	14.000	14.125	14.191	-1.131
Ba / 137		132.832	132.424	133.045			6.398	6.426	
La / 139	15.8	16.034	16.007	15.939	-1.224	0.62	0.625	0.625	-0.819
Ce / 140	39	39.712	39.557	39.498	-1.510	1.950	1.946	1.960	-0.149
Pr / 141	5.7	5.643	5.675	5.651	0.765	0.380	0.393	0.394	-3.493
Nd / 146	25.2	26.054	25.860	25.763	-2.748	2.500	2.467	2.493	0.814
Hf / 178	4.38	4.580	4.580	4.576	-4.544	0.581	0.612	0.611	**-5.273**
Pb / 208	2.08	2.148	2.163	2.177	-3.964	3.080	3.002	2.992	2.680
Th / 232	1.08	1.239	1.232	1.261	**-15.190**	0.030	0.031	0.030	-1.989
U / 238	0.42	0.426	0.426	0.435	-2.189	0.010	0.010	0.010	-0.751

Reproduzierbarkeit der Messwerte Wie schon unter Punkt 3.2.1 erläutert werden
Dublikatsmessungen erstellt um eine Aussage über die Präzision der eigenen Messwerte zu treffen. In Tabelle 7 sind die Messergebnisse der diversen Pipettierungen
der Standardreferenzmaterialien und deren relative Standardabweichung angegeben.
Beim Betrachten der RSD fällt sofort auf wir gut die Messdaten sind, bzw. wie Re-
produzierbar. Geübtes Laborpersonal erreicht Werte unter 1% und wenn, wie bei
Nabil und Rik zu sehen ist, nicht so häufig pipettiert wird können die RSD-Werte
sehr hoch sein. Die Reproduzierbarkeit ist im letzteren Fall sehr schlecht und de-
mentstprechend die Messwerte mit einem hohen Fehler versehen.

Tabelle 7: Messergebnisse und Literaturwerte der Standardreferenzmaterialien BIR-1 und BHVO-1. Differenzen vom Mittelwert der Messergebnisse sind in Prozent angegeben

Element	BIR-1 Schuth 200.7	BIR-1 Schuth 200.7	BIR-1 Schuth 200.7	RSD %	BIR-1 Schuth 200.7	BIR-1 Schuth 200.7	BIR-1 Schuth 200.7	RSD %	BIR-1 Schuth 200.7	BIR-1 Schuth 200.7	BIR-1 Schuth 200.7	RSD %	BIR-1 Schuth 200.7	BIR-1 Schuth 200.7	RSD %
	Ulrike	Ulrike	Ulrike		Nabil	Nabil	Nabil		Silke	Silke	Silke		Rik	Rik	
Li / 7	3.125	3.113	3.139	0.3	3.179	3.669	3.153	7.1	3.147	3.163	3.137	0.3	3.147	2.127	19.3
V / 51	327.342	320.117	324.933	0.9	325.736	375.911	320.117	7.4	318.712	319.916	314.296	0.8	315.300	210.735	19.9
Cr / 52	382.133	378.922	384.943	0.6	382.735	439.332	374.908	7.2	373.703	381.129	369.689	1.3	373.101	246.861	20.4
Co / 59	52.322	52.583	52.784	0.4	52.503	60.712	51.600	7.5	52.543	51.801	50.617	1.5	50.938	33.738	20.3
Cu / 63	117.670	117.811	117.369	0.2	116.647	136.356	115.302	7.8	114.439	116.205	112.773	1.2	113.315	74.520	20.7
Zn / 66	70.486	70.466	71.148	0.4	70.907	82.849	70.105	7.8	69.482	69.482	68.499	0.7	67.897	45.298	20.0
Ga / 71	15.809	15.807	15.944	0.4	15.827	18.282	15.584	7.4	15.440	15.502	15.163	1.0	15.247	10.258	19.6
Rb / 85	0.204	0.199	0.200	1.1	0.198	0.238	0.196	9.1	0.199	0.197	0.191	1.7	0.194	0.129	20.2
Y / 89	15.590	15.689	15.990	1.1	16.098	18.715	15.845	7.7	15.743	15.769	15.390	1.1	15.548	10.529	19.2
Zr / 90	14.099	14.125	14.191	0.3	14.220	16.522	14.037	7.6	13.967	14.047	13.828	0.6	13.921	9.389	19.4
Ba / 137	6.342	6.398	6.426	0.5	6.517	7.504	6.364	7.4	6.501	6.434	6.370	0.8	6.450	4.283	20.2
La / 139	0.625	0.625	0.625	0.0	0.628	0.728	0.623	7.3	0.626	0.628	0.622	0.4	0.629	0.418	20.1
Ce / 140	1.956	1.946	1.960	0.3	1.969	2.284	1.961	7.2	1.956	1.957	1.942	0.4	1.960	1.310	19.9
Pr / 141	0.390	0.393	0.394	0.5	0.395	0.458	0.393	7.3	0.391	0.391	0.388	0.4	0.392	0.263	19.7
Nd / 146	2.459	2.467	2.493	0.6	2.485	2.888	2.489	7.2	2.491	2.473	2.434	0.9	2.483	1.664	19.7
Hf / 178	0.612	0.612	0.611	0.1	0.611	0.717	0.617	7.5	0.612	0.606	0.601	0.7	0.610	0.407	19.9
Pb / 208	3.011	3.002	2.992	0.2	2.978	3.472	2.998	7.2	2.982	2.958	2.930	0.7	2.972	1.967	20.3
Th / 232	0.031	0.031	0.030	1.0	0.032	0.037	0.031	8.3	0.031	0.030	0.030	1.2	0.031	0.019	25.4
U / 238	0.010	0.010	0.010	2.2	0.010	0.014	0.011	16.4	0.010	0.011	0.011	2.0	0.011	0.004	43.2

4 Fragestellung und Versuche 3. Tag

4.1 Versuche zum Octopole Reaction System (ORS)

Unter Punkt 2.2.4 ist bereits die Funktionsweise des ORS beschrieben. In diesen Versuchen soll die Wirkung verdeutlicht werden. Hierzu werden die Elemente V, Cr, Fe und Se auf den Massen m/z: $51, 52, 56, 76, 78$ und 80 bestimmt. Zunächst wird der Systemblank ohne Analyt-Elemente gemessen um zu zeigen wie hoch die Counts im Standardmodus ohne Reaktions-Gas (H_2)sind. In diesem Modus werden Linsenspannung Energie-Diskriminierung (ED) optimiert (Tuning Report Standardmodus, siehe Anhang X). Mit Hilfe des *Reaction Gas Tunings* wird die Flussrate des Reaktionsgases optimiert. Hierzu werden eine Lösung mit $10\,ppb\,V, Cr, Fe$ und Se und der Systemblank bei steigendem Reaktionsgasfluss von $0 - 10\,ml/min$ gemessen (Reaction gas graph, siehe Anhang X). Bei der Optimierung des Gasflusses soll das Signal des Analyts möglichst hoch sein und die Interferenzen möglichst gering. Diese optimalen Bedingungen sind bei einem H_2-Fluss von $5\,ml/min$ erreicht. Nach der Einstellung des optimalen Gasflusses werden Linsenspannung und ED wieder getuned (Tuning Report H_2-Modus, siehe Anhang X). Wird nun wieder der Systemblank eingeführt und mit optimiertem ORS gemessen fallen die Counts der angegebenen Elememente um ein Vielfaches kleiner aus:

Tabelle 8: Massenscan des Systemblanks ohne und mit $5\,ml/min$ H_2-Reaktionsgasfluss

Element	m/z	Ionenspezies (Interferent)	ohne Gas	mit Gas
			[cps]	[cps]
V	51	^{36}Ar-^{15}N, ^{36}Ar-^{14}N-^{1}H	500	200
Cr	52	^{40}-^{12}C, ^{36}Ar-^{16}O	70000	230
Fe	56	^{40}Ar-^{16}O	$25 \cdot 10^6$	7300
Se	76	^{36}Ar-^{40}Ar	300000	20
	78	^{38}Ar-^{40}Ar	60000	20
	80	^{40}Ar-^{40}Ar	$54 \cdot 10^6$	300

5 Fragestellung und Versuche 4. Tag

5.1 Die Funktionsweise der ICP-OES

Die ICP-OES (*ICP- Orbital Emission Spectrometry*) ist eine der weit verbreitesten Techniken in Analyselaboren. Sie beruht auf dem Prinzip der optischen Emission, der Lichtemission im Plasma. Die ICP-OES ist gegenüber der MS unempfindlicher gegenüber

Interferenzen mit Probenmatrices, das bedeutet, dass beispielsweise auch Meerwasser-proben gemessen werden können. Die Stärke der ICP-MS liegt in der hohen Auflösung, je Messtechnik *1 amu (atom mass unit)* (Quadrupol) bis *300 - 10000 amu* (Sektorfeld) [5].

Wie auch bei der MS werden flüssige Proben in das Gerät eingeführt und ein Ae-rosol in das Plasma geleitet. Durch die hohe Energie des Plasmas gehen die Atome in einen angeregten Zustand über, d. h. ein äußeres Elektronbewegt sich in ein höheres Orbital. Dieser angeregte Zustand ist jedoch ziemlich kurz und nach etwa $10^{-8} sec$ sprin-gen die Elektronen zurück auf ein niedrigeres Energieniveau. Bei diesem Prozess wird Energie frei, die als elektromagnetische Strahlung abgegeben wird, die Elementspezifisch ist. Da alle Atome gleichzeitig zur Strahlung angeregt werden, muss das emittierte Licht in seine einzelnen Wellenlängen aufgespalten werden. Dies geschieht an einem Gitter am Eintrittspalt zum Rowland-Kreis, der in Abbildung 14 dargestellt ist. Hier sind 22 CCD (charge coupled device)-Detektoren installiert, die die einzelnen Wellenlängen und deren Intensitäten aufnehmen. Der Messbereich liegt zwischen 125 und $780\,nm$.

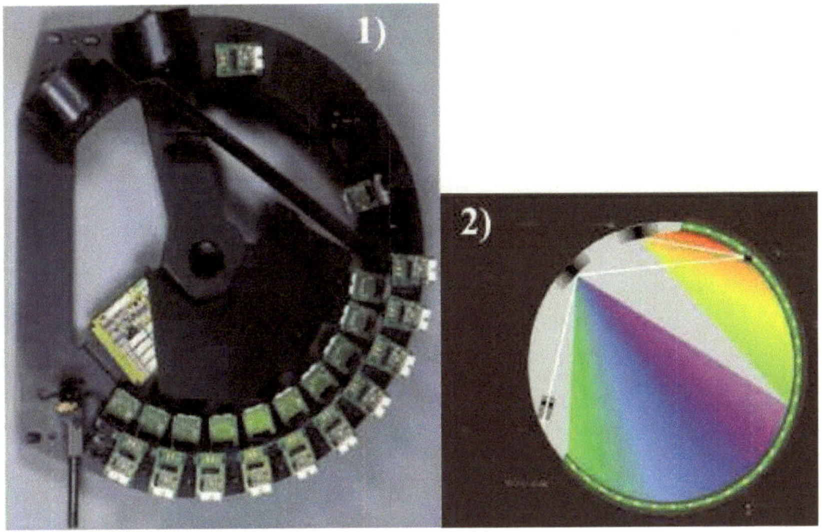

Abbildung 14: 2) Skizze einer Paschen-Runge Aufstellung auf einem Rowland-Kreis. 1) ein Photo dieser Optik.[5]

Um zu Überprüfen, dass die CCDs funktionstüchtig und richtig eingestellt sind wird eine Reprofilierung durchgeführt. Hierzu wird eine Reprofilierungslösung bekannter Zu-sammensetzung gemessen. Liegen die gemessenen Counts in einem bestimmten Range funktionieren die CCDs einwandfrei. Um das System zu Kalibrieren und eine Linienfeinpositionierung durchzuführen wird ein hauseigener Standard gemessen. Hierbei kann die Peakposition für jedes Element in der Software angepasst werden.

5.2 Messung

Wie auch bei der ICP-MS werden Blanks, Duplikate und Referenzproben mitgemessen. Zwischen den Proben wird stets mit verdünnter HNO_3 gepült. Es sollen die Konzentrationen der der Hauptkomponenten Al_2O_3, $Fe_2O_3ges.$, MnO, MgO, CaO, Na_2O, K_2O, TiO_2 und P_2O_5 in zwei Gesteinsproben bestimmt werden. SiO_2 kann hierbei nicht gemessen werden, da die Gesteinsproben mit HF aufgeschlossen werden und sich SiF_4 bildet, welches sich beim Abrauchen der Proben verflüchtigt. Die Messbedingungen der ICP-OES liegen anbei.

Durch die Messung von mindestens 10 Blanks kann auf die Nachweisgrenzen der einzelnen Elemente geschlossen werden. Dies geschieht wie bereits unter 3.2.2 beschrieben.

Tabelle 9: Nachweisgrenze der Elemente

Element	Mittelwert	SD	RSD	LOD 10σ
	[ppm]		[%]	[ppm]
Al	0.0543	0.0543	0.903	0.00490
$Fe\,238$	0.0883	0.0883	1.20	0.0106
$Fe\,259$	0.0883	0.0883	1.19	0.0105
$Mn\,257$	0.00156	0.00156	**45.5**	0.00710
$Mg\,279$	0.050	0.0497	0.503	0.00250
$Mg\,285$	0.023	0.0233	2.53	0.00590
$Ca\,315$	0.042	0.0419	**12.1**	0.0505
Na	0.265	0.265	1.20	0.0319
K	0.021	0.0211	**149**	0.315
Ti	0.027	0.0272	1.80	0.00490
P	0.023	0.0231	**36.5**	0.0845

Die Bestimmung der Reproduzierbarkeit erfolgt wie unter 3.2.2 beschrieben durch Mehrfachmessung eines Standards. Hier ist der Standard BIR-1 gemessen worden. Aufällig ist eine große Abweichung bei Kalium und Phosphor. Möglicherweise wurde beim Pipettieren ungenau gearbeitet. Bei einem Vergleich mit den Daten der Blanks ist eine Verunreinigung beispielsweise der Probenbehälter oder der verwendeten Reagenzien wahrscheinlicher. Die Abweichung der übrigen Elemente liegt unter 5%.

Tabelle 10: Reproduzierbarkeit der Messung des BIR-1

Element	Mittelwert	SD	RSD
	[ppm]		[%]
Al	417	3.62	0.868
$Fe\,238$	398	1.50	0.377
$Fe\,259$	395	0.638	0.162
$Mn\,257$	27.4	0.111	0.405
$Mg\,279$	290	3.07	1.06
$Mg\,285$	292	1.79	0.614
$Ca\,315$	469	0.531	0.113
Na	66.5	0.163	0.245
K	0.692	0.384	**55.4**
Ti	28.4	0.0660	0.232
P	0.662	0.0872	**13.2**

Die Bestimmung der Richtigkeit der Messwerte erfolgt wie unter 3.2.2 beschrieben durch den Vergleich mit den Literaturdaten des gemessenen Standards. Hier tritt neben den oben bereits beschriebenen Auffälligkeiten bei Kalium und Phosphor noch eine Abweichung um fast 10% bei $Fe_2O_3\,ges.$ auf. Um die Messdaten mit den Literaturwerten vergleichen zu können wurden diese auf Oxidwerte im Gestein umgerechnet.

Tabelle 11: Richtigkeit der Messung

Oxid	Mittelwert	Literatur	Abweichung
	[ppm]		[%]
Al_2O_3	15.9	15.35	3.59
$Fe_2O_3\,ges.$	11.5	10.46	**9.98**
MnO	0.715	0.71	0.657
MgO	9.74	9.68	0.614
CaO	13.3	13.24	0.161
Na_2O	1.811	1.75	3.46
K_2O	0.0168	0.03	**-43.8**
TiO_2	0.958	0.96	-0.250
P_2O_5	0.0307	0.05	**-38.7**

Tabellenverzeichnis

Abbildungsverzeichnis

Literatur

[1] Finnigan MAT: *ICP-MS Interferenz-Tabelle (Table of Interferences)* (1995), Bremen, Germany

[2] National Institute of Standards and Technology: *Certificate of Analysis Standard Reference Material 1643d, Trace Elements in Water*, http://www.nist.gov/

[3] Esslab: *ICPMS Agilent, 7500c*, www.esslab.com/images/icp-ms.jpg

[4] A. Montaser (1998), *Inductively Coupled Plasma Mass Spectrometry*, Wiley-VCH

[5] Joachim Nölte (2002), *ICP Emissionsspektrometrie für Praktiker*, Wiley-VCH

BEI GRIN MACHT SICH IHR WISSEN BEZAHLT

- Wir veröffentlichen Ihre Hausarbeit,
  Bachelor- und Masterarbeit

- Ihr eigenes eBook und Buch -
  weltweit in allen wichtigen Shops

- Verdienen Sie an jedem Verkauf

Jetzt bei www.GRIN.com hochladen
und kostenlos publizieren